BEI GRIN MACHT SICH IHR WISSEN BEZAHLT

- Wir veröffentlichen Ihre Hausarbeit, Bachelor- und Masterarbeit

- Ihr eigenes eBook und Buch - weltweit in allen wichtigen Shops

- Verdienen Sie an jedem Verkauf

Jetzt bei www.GRIN.com hochladen und kostenlos publizieren

Impressum:

Copyright © 2015 GRIN Verlag, Open Publishing GmbH
Druck und Bindung: Books on Demand GmbH, Norderstedt Germany
ISBN: 978-3-668-15627-2

Dieses Buch bei GRIN:

http://www.grin.com/de/e-book/315934/oelkatastrophen-ursachen-und-folgen-der-
meeresverschmutzung-durch-erdoel

Vanessa Hrastovski

Ölkatastrophen. Ursachen und Folgen der Meeresverschmutzung durch Erdöl

GRIN Verlag

SEMINARARBEIT

Rahmenthema des Wissenschaftspropädeutischen Seminars:
Mensch und Umwelt in Gefahr- Katastrophen, Konflikte und Epidemien

Leitfach: ***Geographie***

Thema der Arbeit:

Ursachen und Folgen von Ölkatastrophen

Verfasserin: **Vanessa Maria Hrastovski**

<u>**Ursachen und Folgen von Ölkatastrophen**</u>

Inhaltsverzeichnis

Abbildungsverzeichnis

1. Einleitung

„Kaum ein Substanzgemisch, das durch menschliches Verschulden im weitesten Sinne unsere marine Umwelt belastet, findet ein solches Echo in der Öffentlichkeit, und damit auch in den Medien, wie das Öl"[1], welches die schwerwiegendste Form der Meeresverschmutzung darstellt. Es schwimmt gut sichtbar an der Wasseroberfläche, wie ein schwarzer, sich immer weiter ausbreitender Teppich. Bewegende Bilder gehen nach einem Tankerunfall um die Welt. Man sieht Vögel, deren Gefieder mit Öl verklebt ist und gestrandete Säugetiere, deren Tod unvermeidlich scheint. Interviews haben ergeben, dass durch das Erliegen von Fischerei und Tourismus die Existenz der Bevölkerung bedroht wird. Gerade wegen dieser tragischen, uns direkt ins Auge fallenden Folgen wird die Verschmutzung des Meeres durch Öl häufiger und emotionaler in den Medien diskutiert als andere Formen der Verschmutzung. Verglichen mit den spektakulären Tankerunfällen erregt die „chronische Ölverschmutzung" durch die alltägliche Praxis in der Schifffahrt sowie durch Einleitungen von Bohrinseln und küstennahen Ölraffinerien kaum öffentliches Interesse. Dabei ist die Gesamtmenge dieser kleineren Einführungen erheblich höher als die Summe der bei Katastrophen ins Meer gelangenden Ölmenge. Meeresverschmutzungen durch Öl sind längst aus den vorherigen Jahrhunderten dokumentiert und somit keinesfalls eine neue Erscheinung. Erst im letzten Jahrhundert gewann Öl als Industrierohstoff und Energieträger an Bedeutung, mit der Konsequenz, dass der Seetransport dieses fossilen Brennstoffes erheblich anstieg. Im Jahr 1926 fand die erste internationale Konferenz über das Problem der Meeresbelastung statt. Neue sogenannte „Supertanker" kamen zum Einsatz, da sie mehrere 100.000 Tonnen Öl transportieren können. Dies läutete eine neue Ära in der Geschichte der marinen Ölverschmutzung ein, denn Unfälle blieben unvermeidlich. Einer der gravierendsten Höhepunkte mariner Ölverschmutzung war im Jahr 1991, als der Irak während des Golfkrieges das Öl als Waffe missbrauchte und absichtlich die unvorstellbar große Menge von 910 Millionen Litern in den Persisch- Arabischen Golf einleitete.[2] *„Die „Deepwater Horizon"-Katastrophe hat zur zweitgrößten vom Menschen verursachten Ölverschmutzung des Meeres und der angrenzenden*

---

[1] s. Bernem; Lübbe, 1997, S. 1
[2] vgl. Bernem; Lübbe, 1997, S. 2f

Küsten geführt. US-Behördenangaben zufolge gelangten 700.000 t Rohöl in den Golf von Mexiko.[3] (vgl. Abbildung 1)

Jahr	Ausgeströmtes Öl (Millionen Liter)	Ursache/ Havarist	Ort
2010	780	BP-Plattform „Deepwater Horizon", Macondo-Feld	Golf von Mexiko, vor Louisiana
1990	910	1. Golfkrieg	Persischer Golf, Kuwait
1989	42	Exxon Valdez, Supertanker	Küste von Alaska
1979	520	Ixtoc-1 Bohrplattform der Pemex	Golf von Mexiko, vor der Küste von West-Yucatan
1978	250	Amoco Cadiz, Supertanker	Bretagneküste, Frankreich

Abbildung 1: Statistik zu den fünf größten Ölunfällen auf dem Meer[4]

2. Entstehung von Erdöl

Erdöl ist ein natürlicher Rohstoff, der wie Erdgas aus Kohlenwasserstoffen besteht. Seine Entstehung ist abhängig von der Ablagerung von organischem Material am Meeresboden und abgestorbenen Mikroorganismen wie Plankton. Steht zum Zeitpunkt der Ablagerung nur wenig Sauerstoff zur Verfügung, wird das an organischen Bestandteilen reiche Sediment nicht zersetzt und von neuem Sediment überlagert. Für die Bildung von Erdöl und Erdgas ist Kerogen notwendig. Dabei handelt es sich um eine wachsartige Substanz, welche aus dem abgelagerten organischen Material entsteht. Je tiefer der Meeresgrund und je höher die Temperatur, desto mehr Kerogen wird produziert. Man spricht von einem sogenanntem „Ölfenster". Mit diesem Begriff bezeichnet man den Temperaturbereich zwischen 75 °C und 150 °C. Besonders in diesem Temperaturbereich bildet sich Erdöl. Erst ab einer Temperatur von 75 °C wandelt sich das Kerogen in kleinere Kohlenwasserstoffmoleküle um und es entstehen Erdöl und Erdgas. Da Erdöl leichter als Wasser ist, kann dieses durch Gesteinsporen aufsteigen und unter Umständen aus dem Boden austreten. Treffen aufsteigende Kohlenwasserstoffe auf eine

---

[3] s. Söding; Balzereit; Schäfer, 2010, S. 3
[4] Eigene Darstellung nach Söding; Balzereit; Schäfer, 2010, S. 3

undurchlässige (impermeable) Gesteinsschicht, so kann sich ein Ölfeld bilden. Da die Entstehung zwar kontinuierlich fortläuft, aber der Entstehungszeitraum sich auf viele Millionen Jahre beläuft, kann man bei Erdöl von einer klar begrenzten, natürlichen Ressource sprechen.[5]

3. Förderung von Erdöl

Erdölförderung spielt heutzutage immer noch eine sehr wichtige Rolle als Energielieferant, auch wenn viele Industrieländer sich um den Umstieg auf erneuerbare Energien bemühen. Die Hauptnutzung von Erdöl besteht in der Energiegewinnung. Noch zur Wende vom 19. zum 20. Jahrhundert war dem Erdöl eine untergeordnete Rolle zugewiesen. Bald aber wurden Autos, Schiffe und Luftfahrzeuge durch Erdölprodukte angetrieben. Mit der zunehmenden Nachfrage nach Öl wurden auch die Förderung und der Transport angekurbelt, so sind seit 1970 im Schnitt 20 Liter Erdöl pro Kopf der Weltbevölkerung auf den Meeren unterwegs.[6] Der Rohstoff besteht überwiegend aus chemischen Substanzen, die als Kohlenwasserstoffe bezeichnet werden. Zu solchen gehören zum Beispiel Methan, Oktan und Aktan. Wenn beispielsweise Oktan mit Sauerstoff reagiert, entstehen Wasser, Kohlenstoffdioxid und Wärme. Gerade wegen des weiten Spektrums an Einsatzmöglichkeiten steigt die Nachfrage nach dem Kohlenwasserstoffgemisch. Die Förderung von Erdöl gestaltet sich immer schwieriger, da die Erdölfelder in schwerzugänglichen Gebieten liegen.[7]

3.1 Definition Ölexploration

Im Bergbau und in der Geologie bezeichnet man mit Exploration die Suche oder die genauere Untersuchung von Lagerstätten und Rohstoffvorkommen in der Erdkruste. Die Explorationsgeologie ist ein Teilbereich der Lagerstättenkunde innerhalb der Geowissenschaften.[8]

---

[5] s. Söding; Balzereit; Schäfer, 2010, S. 5f
[6] vgl. McNeill, 2003, S. 314f
[7] vgl. Söding; Balzereit; Schäfer, 2010, S. 5
[8] vgl. Prof. Dr. Hötzl, 2000, http://www.spektrum.de/lexikon/geowissenschaften/erdoelexploration/4256

Gebiete, die hohe Sedimentationsraten besitzen, sind von hohem Interesse für die Ölexploration. Beispiele hierfür sind der Golf von Mexiko und das Nigerdelta. Nach 60 Jahren der Exploration im Meer sind große bedeutende Ölfelder bereits identifiziert. Neue signifikante Funde liegen meist in technisch schwierigen Gebieten, wie zum Beispiel großen Wassertiefen. Einer der größten Funde der vergangenen Jahre liegt im Golf von Mexiko. Das Tiberfeld enthält vier bis sechs Milliarden Barrel Öl.[9] (1 Barrel Öl entspricht 158,98 Liter)

3.2 Schwierigkeiten bei der Förderung von Erdöl

In den vergangenen Jahren ist die Offshore Exploration von Erdöl und Erdgas auf den Kontinentalabhängen in immer größere Wassertiefen vorgedrungen. Die Erschließung von Erdölfeldern in Wassertiefen über 1.500 Meter ist keine Seltenheit mehr, seitdem neue große Lagerstätten wie das Campos-Becken vor Brasilien entdeckt wurden. Der Golf von Mexiko ist mit 100 Explorations- und Produktionsbohrungen das Gebiet, in dem die Technologie für das Aufspüren von Erdöl und Erdgas wesentlich entwickelt wurde. Da die Wassertiefen für die klassische Verankerung zu groß sind, werden Bohrschiffe verwendet. Für die darauffolgende Produktion wird das Ölfeld mit sogenannten „Tension-Leg"-Plattformen entwickelt (vgl. Abbildung 2). Diese werden über Zuganker an großen Betongewichten am Meeresboden verankert, sind aber selbst schwimmfähig.[10]

---

[9] vgl. Söding; Balzereit; Schäfer, 2010, S. 5f
[10] vgl. Söding; Balzereit; Schäfer, 2010, S. 7

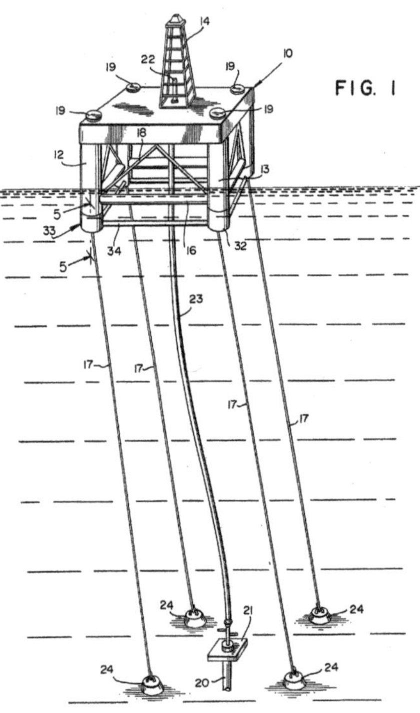

Abbildung 2: Darstellung eines Konstruktionsplans für eine „Tension-Leg"-Plattform[11]

Die Technologie für die Tiefseebohrung ist extrem aufwendig und sehr kostenintensiv. Die Kosten der Bau- und Inbetriebnahme großer Förderplattformen können leicht eine Milliarde US-Dollar übersteigen. Die Förderraten für Öl von den größten Plattformen im nördlichen Golf von Mexiko können 1.000 Tonnen pro Tag überschreiten. Und so groß wäre auch die Menge an Öl, die aus einem havarierten Bohrloch austreten könnte.

Es gibt zahlreiche Gründe, weshalb sich die Tiefseebohrung als so schwierig gestaltet. Zum einen stellen Gesteinsschichten eine Herausforderung dar. Die

---

[11] s. Burns, 1982, *http://patentimages.storage.googleapis.com/pages/US4421436-1.png*

oberflächennahen Sedimentschichten, die durch die Bohrung vorgetrieben werden, stehen durch Flüssigkeiten in Gesteinsporen unter hohem Druck. Dies können Flüssigkeiten wie Öl und Wasser, aber auch Gas sein. Zum anderen werden die Gesteine durch den hohen Druck mechanisch instabil und die Wandungen von Bohrlöchern können einstürzen. In diesem Fall besteht die zweite Schwierigkeit darin, Bohrlöcher verlässlich zu verrohren und zu zementieren. Hierbei tritt noch eine weitere Schwierigkeit auf. Explorations- und Förderbohrungen sind nur dann sicher, wenn am Meeresboden ein Blowout-Preventer (BOP) installiert ist. Bei einem Öl- oder Gasausbruch, einem sogenannten Blowout, besitzt das BOP Ventile, die das Bohrloch zum Meeresboden automatisch verschließen. BOP's haben die Größe von Einfamilienhäusern und sind schon in geringen Wassertiefen am Meeresboden schwierig zu installieren. In großen Wassertiefen vervielfachen sich die Komplikationen und Kosten, wie auch die Risiken von Fehlfunktionen.[12]

4. Öleinträge und ihre ökologischen sowie ökonomischen Auswirkungen

Mit der Förderung von Erdöl, durch die sich der Mensch das Öl zu wirtschaftlichen Zwecken verfügbar macht, sind Risiken von Unfällen verbunden. Nach einem Ölaustritt unterscheiden sich die damit einhergehenden Folgen in Dauer und Auswirkung auf das betroffene Ökosystem. Einerseits gibt es Regionen, in denen sich Meeresorganismen von dieser Einwirkung erholen können und deren erhöhte Mortalität nur von kurzer Dauer ist. Andererseits kann es aber auch vorkommen, dass eine Havarie jahrzehntelange Auswirkungen auf das betroffene Gebiet hat. Allgemein sind die Folgen von Ölkatastrophen in Küstennähe mehr erforscht als die auf hoher See, da die Konsequenzen dort für den Menschen schwerwiegender sind, als die auf hoher See.[13]

---

[12] vgl. Söding; Balzereit; Schäfer, 2010, S. 7
[13] vgl. van Bernem; Lübbe, 1997, S. 35f

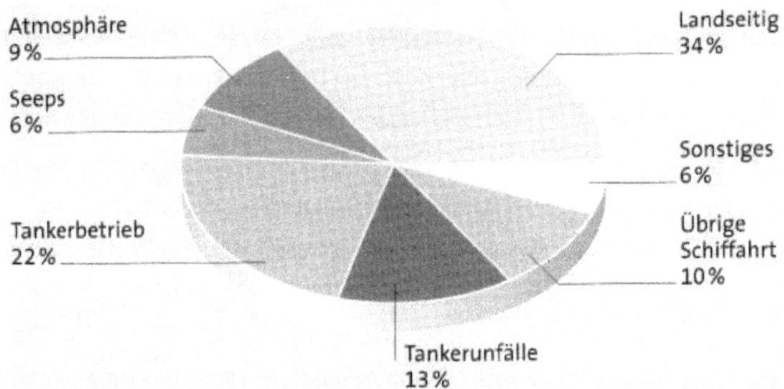

Abbildung 3: Anteile der verschiedenen Einleitungsquellen nach Schätzungen des NATIONAL RESEARCH COUNCIL für das Jahr 1981[14]

Öl gelangt auf ganz unterschiedliche Art und Weise in die Meere (vgl. Abbildung 3). Generell lassen sich zwei Arten der Einleitungscharakteristik unterscheiden. Es gibt chronische Einleitungen und Unfälle. Zu den chronischen Einleitungen gehören häufige und kontinuierliche Öleinträge in geringer Konzentration über lange Zeiträume, während bei Unfällen große Ölmengen innerhalb eines kurzen Zeitraums ins Meer gelangen.

4.1 Chronische Einleitungen von Öl in die Ozeane

Zu den chronischen Einleitungen gehören landseitige Einleitungen. Hierunter versteht man Einträge von Erdölkohlenwasserstoffen durch küstennahe Industrieanlagen und Städte, unter anderem auch über Flüsse. Die einzelnen Substanzen stammen aus unterschiedlichen Quellen, vor allem von Ölraffinerien und sonstigen Industriegebieten. Diese Einleitungen erfolgen für gewöhnlich in hoher Verdünnung, sodass keine sichtbaren Ölflecken entstehen.

Ein weiterer Beitrag geschieht durch die Atmosphäre: Viele Kohlenwasserstoffe gehören zu den flüchtigen Verbindungen, die nach Verdunstung oder bei Verbrennung in die Atmosphäre übergehen können. Wichtige Quellen sind Automobil- und Industrieemissionen, besonders die der Ölindustrie. Diese Stoffe können mit dem Regen ins Meer gelangen. Dies geschieht zwar in geringen

---

[14] s. van Bernem; Lübbe, 1997, S. 8

Konzentrationen, allerdings besteht die Gefahr von Anreicherungen in bestimmten Regionen.

Durch den Tankerbetrieb gelangen bei der Reinigung der Tanks von Tankschiffen, als auch beim Laden und Löschen an Tank-Terminals ständig kleinere Ölmengen ins Meer. Bei einer Tankreinigung kann gelegentlich auch eine größere Menge Öl austreten.

An einigen Kontinentalrändern mit tektonischer Aktivität befinden sich unterseeische natürliche Erdölquellen, die in unterschiedlichem Umfang Erdölkohlenwasserstoffe ins Meer abgeben.[15]

4.2 Temporäre Einleitungen aufgrund von Unfällen

Unfälle sind temporäre Einleitungen. Durch Tankschiffhavarien gelangen innerhalb kurzer Zeit beträchtliche Ölmengen ins Meer. Große Tankerunfälle sind selten, sodass die Ölmenge, die jährlich auf diesem Weg ins Meer gelangt, stark schwankt. Beim Unfall eines herkömmlichen Schiffes tritt der gelagerte Treibstoff aus. Diese Mengen sind nicht mit Tankerhavarien zu vergleichen, tragen aber durchaus zur Meeresbelastung bei. Außerdem gibt es Unfälle, die sich nicht konkret zuordnen lassen. Zum Beispiel bei Ölförderungsaktivitäten kann es zu Unfällen kommen. So gelangten beim Blowout der Bohrinsel Ixtoc I im Golf von Mexiko zwischen 440.000 Tonnen und 1.400.000 Tonnen Öl ins Meer. Diese Menge wurde nicht wie bei einem Tankerschiff in wenigen Stunden freigesetzt, sondern verteilte sich auf zehn Monate.[16]

4.3 Folgen der Ölverschmutzung für Ökosysteme

Die im Erdöl enthaltenen Kohlenwasserstoffe können Schäden bei bestimmten Tier- beziehungsweise Pflanzenarten und ihren Lebensräumen hervorrufen. Der Austritt großer Mengen von Öl nach Tankerunfällen und Havarien auf Bohrinseln erhöht innerhalb kurzer Zeit die Sterberate betroffener Lebewesen, während einige Meeresbereiche durch den täglichen Betrieb von Schiffen oder Ölanlagen kontinuierlich durch kleinere Mengen Öl beeinflusst werden. Bei der Verunreinigung

---

[15] vgl. van Bernem; Lübbe, 1997, S. 9f
[16] vgl. van Bernem; Lübbe, 1997, S. 10f

durch Öl werden zwei Arten differenziert. Zum einen gibt es die Folgen äußerer Verschmutzung und zum anderen die Auswirkungen durch die Aufnahme von Öl. Das wohl in den Medien meist gezeigte Bild ist die Verschmutzung des Gefieders von Wasservögeln. Diese Verunreinigung führt dazu, dass Wasserabweisung und Wärmeisolierung verhindert werden und bei größerer Menge an Öl der Tod unausweichlich bleibt. Im Gegensatz zu den Möwen können bei Alken bereits leichte Verölungen zum Tod führen, da diese für die Nahrungsaufnahme unbedingt schwimmen müssen. Die Verölung des Fells mariner Säugetiere zeigt vergleichbare Folgen, da bei diesen thermoregulatorische Attribute beeinträchtigt werden und dieser Einfluss den Tod hervorruft. Bei unbeweglichen Tieren oder Pflanzen, die von großen Ölmengen begraben werden, ist der Erstickungstod die Folge. So wird bei Salzwiesen der Sauerstofftransport zu den Wurzeln unterbunden.[17]

Die zweite Art der Beeinträchtigung ist die durch die Aufnahme des Öls. Kaum ein mariner Organismus geht unbeschadet aus einer Verschmutzung durch Erdölkohlenwasserstoffe heraus. Dabei sind die Mechanismen der Schädigungen noch nicht ausreichend erforscht. Die Aufnahme von Öl kann stark variieren. Am häufigsten gelangen die Kohlenwasserstoffe durch die Nahrung in den Organismus, zum Beispiel durch das Aufnehmen verschmutzter Sedimente durch Muscheln oder andere Substratfresser. Diese stehen am Anfang der Nahrungskette und so ist der Transport nicht zu vermeiden, wenn ein Beutegreifer sich von einer durch Öl kontaminierten Muschel ernährt. Vögel und andere Säugetiere nehmen das Öl mit der Nahrung auf, während sie erfolglos versuchen, ihr verschmutztes Gefieder zu säubern. Bei Fischen kann die Aufnahme auch durch die Kiemen oder durch die Haut erfolgen. Erdölbestandteile lagern sich meist in fettreichen Geweben ab, bei Muscheln zum Beispiel in den Gonaden. Zu beachten ist jedoch, dass viele Organismen in der Lage sind, giftige Stoffe abzubauen. Diese Fähigkeit wird „Mixed Function Oxidase" (MFO) genannt. Daher ist eine langfristige Erhaltung der Erdölkohlenwasserstoffe in der Nahrungskette unwahrscheinlich. Dieser Abbau ist aber mit einem hohen Energieaufwand verbunden, weswegen sich die Wachstumsraten verringern. Dieser Entgiftungsmechanismus verhindert aber keineswegs die Kontamination betroffener Organismen. Missbildungen und genetische Schäden bei Fischen sind die Folge. Die Belastung kann zu einer

---

[17] vgl. van Bernem; Lübbe, 1997, S. 28

krankhaften Gewebeveränderung führen. Weitere Auswirkungen sind die Beeinflussung des Wachstums und des Stoffkreislaufes und Verhaltensänderungen. So verringert sich zum Beispiel bei Wattwürmern und Hummern die Nahrungsaufnahme.[18]

4.4 Wirkungen eines Anstiegs der Ölpreise auf die deutsche Wirtschaft

Statistiken der letzten Jahre haben gezeigt, dass die Ölpreise nicht kontinuierlich verlaufen. Es ist deutlich, dass die vorliegende Ressourcenknappheit der fossilen Energieträger den Preis in die Höhe treiben wird. Ein temporärer Austritt von Öl, der einen großen Rohstoffverlust bedeutet, beeinflusst die Wirtschaft und den Markt bis hin zum Konsumenten. Ein weiterer Grund ist die steigende Nachfrage der Schwellenländer China und Indien nach Öl, welche die Preise ebenfalls in die Höhe treibt. Da dieser Trend sehr schwankt, ist eine Vorhersage der Ölpreisentwicklung besonders schwierig. Um eine genauere Analyse zu erhalten, muss das Verhalten der Konsumenten, der Produzenten und der Investoren betrachtet werden. Ein solches Modell heißt INFORGE (INterindustry FORecasting GErmany). Berechnungen zeigten, dass die Folgen des Anstiegs des Ölpreises auf die Weltwirtschaft unterschiedlich sind. In Deutschland sind die Einbußen beim BIP mit -0,8% am schwächsten[19] (vgl. Abbildung 4).

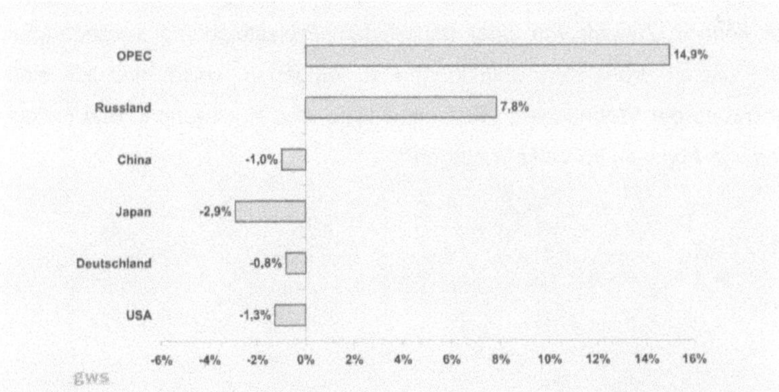

Abbildung 4: Die Auswirkungen der Öl- und Gaserhöhungen auf das Bruttoinlandsprodukt ausgewählter Länder bzw. Regionen im Jahre 2010[20]

---

[18] vgl. van Bernem; Lübbe, 1997, S. 29f
[19] vgl. Prof. Dr. Meyer, 2007, S. 3
[20] s. Prof. Dr. Meyer, 2007, S. 5

Da die anderen Länder der Erde auch von einem Anstieg betroffen sind steigen natürlich auch die Preise aller Importgüter (Fahrzeuge: 1,3%, Maschinen: 1,5%, Möbel: 2,0%)[21] (vgl. Abbildung 5).

Importpreisindex; alle Güter	+	5,9%
darunter:		
Mineralölprodukte	+	22,7%
Fahrzeuge	+	1,3%
Maschinen	+	1,5%
Möbel	+	2,0%
Exporte, preisbereinigt; alle Güter	+	0,7%
darunter:		
Fahrzeuge	+	2,7%
Maschinen	+	1,9%

gws

Abbildung 5: Wirkungen der Öl- und Gaspreiserhöhung auf die deutschen Importpreise und Güterexporte im Jahre 2010[22]

In den letzten Jahren wurden Änderungen des Ölpreises eher als vorübergehend gesehen. Wegen der steigenden Nachfrage und der gleichzeitigen Verknappung der Ressourcen kann in Zukunft von einer dauerhaften Preissteigerung ausgegangen werden. Um diesen drohenden Belastungen zu entgehen, sollte man für eine bessere Isolierung der Wohnungen, effizientere Heiz- und Kühlsysteme und für die Reduzierung von Abgasen im Verkehr sorgen.[23]

---

[21] vgl. Prof. Dr. Meyer, 2007, S. 5
[22] s. Prof. Dr. Meyer, 2007, S. 5
[23] vgl. Prof. Dr. Meyer, 2007, S. 7

5. Die Ölpest im Golf von Mexiko von 2010 als eine der schwersten Umweltkatastrophen dieser Art und die mit ihr verbundene Präventionsarbeit

British Petroleum (BP) ist ein gewachsener Konzern, dessen Geschichte bis ins 19. Jahrhundert zurückreicht. Zu Anfang des 20. Jahrhunderts bildete sich aus mehreren Gesellschaften die „Europäische Petroleum-Union" (EPU). BP übernahm in Großbritannien die Aufgaben dieser Union.

> *„An diesem Unternehmen sicherte sich die 1909 in London gegründete „Anglo-Persian Oil Company" (APOC) eine Beteiligung von 40%. Die „British-Petroleum Company" wurde bereits während des ersten Weltkrieges von der britischen Regierung verstaatlicht und von der APOC übernommen. Schon 1920 nutzte die APOC das Kürzel „BP" als Markenzeichen. [..] Im Jahr 2012 machte das Unternehmen BP einen Umsatz von 375 Mrd. USD und einen Gewinn vor Steuern von 18 Mrd. USD. Das Unternehmen beschäftigte 85.700 Mitarbeiter."*[24]

„Deepwater Horizon" war eine der modernsten Tiefwasser-Bohrinseln der Welt. Betrieben wurde sie durch die Explorationsfirma „Transocean", während BP der Auftraggeber war. Die Plattform war 121 Meter lang, 78 Meter breit und 41 Meter hoch.   Im Golf von Mexiko bohrte die Insel rund 4.000 Meter unter dem Meeresuntergrund das Ölfeld „Macando" an. Es war der 20. April 2010 als sich vier Manager der BP auf die Plattform begaben, um den Bohrungsabschluss zu überwachen und voranzutreiben, da der Zeitplan bereits um 43 Tage überschritten war. Diese Verzögerung hatte BP bereits 21 Millionen US-Dollar gekostet. Die zuständigen Manager ließen die Bohrungen beschleunigen und Sicherheitsvorkehrungen, wie zum Beispiel die Überprüfung der Zementierung am Bohrloch, wurden übergangen. Ein vorzeitiger Austausch des Bohrschlamms durch Meerwasser war die Folge, sodass Methan aufsteigen konnte. Das aufgestiegene Methan entzündete sich auf der Bohrinsel und es kam zu zwei aufeinanderfolgenden Explosionen, bei denen elf Menschen ums Leben kamen. Der Blowout- Preventer wurde von einem Mitarbeiter aktiviert, so sollte der Ölaustritt in den Ozean verhindert werden. Da aber auch hier Sicherheitsvorschriften außer Acht gelassen wurden, arbeitete dieser fehlerhaft und es gelangten in den folgenden Monaten 780 Millionen Liter in den Golf.[25]

---

[24] s. Sasse, 2003, S. 8f
[25] vgl. Sasse, 2013, S. 10f

Das Unternehmen war gezwungen, umgehend zu reagieren. Das Bohrloch musste verschlossen werden, um weiteres Austreten von Öl zu verhindern. Dies war mit vielen Komplikationen verbunden, da der Druck in 1.500 Metern Tiefe sehr hoch ist. So konnte das Loch erst am 19. September 2010 endgültig verschlossen werden. Neben der Defektbehebung bemühte man sich, die Schäden an Land und See gering zu halten. Der Konzern mobilisierte ca. 48.000 Arbeitskräfte und steuerte mehr als 6.500 Schiffe und Boote. Unter anderem wurden Ölsperren errichtet und ca. 246.450 Barrel Öl kontrolliert abgebrannt (1 Barrel Öl entspricht 158,98 Liter). Des Weiteren setzte man Dispergatoren ein, die das Öl in kleinere Tropfen zersetzen sollten. 11.000 Menschen wurden eingesetzt, um die Strände zu reinigen und es erfolgte eine Kooperation mit anerkannten Tierschutzgruppen, um verschmutzte Tiere von den Ölresten zu befreien.[26]

Bei Untersuchungen stellte sich heraus, dass die Plattform genehmigt worden war ohne dass ein ausgereifter Notfallplan existierte. Bei der Durchsetzung standen vor allem ökonomische Interessen im Vordergrund. Für Forscher bleibt die Frage offen wie ein solches Projekt ohne getroffene Vorsichtsmaßnahmen überhaupt genehmigt werden konnte. Beim Erstellen eines solchen Plans müssen zwei Aspekte berücksichtigt werden. Zum einen gibt es bestimmte Vorkehrungen die das Bohrloch betreffen.[27] *„Es müssen Möglichkeiten geschaffen werden, das Bohrloch vor der Förderung zu stabilisieren und mit mehreren Verschlussmöglichkeiten bzw. Schleusen auszustatten."*[28] Zum anderen ist es wichtig sich einen Notfallplan für das ausgetretene Öl zu haben. Hierfür gibt es aber noch unzureichende Lösungen, zumal diese unter schlechten Wetterbedingungen nicht realisiert werden können. Auch wenn die Auswirkungen eines Unglücks auf die Natur verheerend sind, gibt es noch kein Gesetz, welches das Vorlegen eines Notfallplans vorschreibt. Wie bei vielen anderen Katastrophen werden auch bei diesem „Super-GAU" notwendige Maßnahmen erst im Nachhinein getroffen. Um die Naturbelastung soweit wie möglich zu minimieren, müsste man den Ausbau erneuerbarer Energien sowohl in den USA und als auch weltweit drastisch fördern.[29]

---

[26] vgl. Sasse, 2013, S. 11
[27] vgl. Barth, 2010, S. 499f
[28] s. Barth, 2010, S. 499
[29] vgl. Barth, 2010, S. 500f

6. Abschlussbetrachtung

Mit den Jahren ist die Zahl an wissenschaftlichen Erkenntnissen über die Umweltfolgen von Ölverschmutzungen sehr gewachsen. Dennoch erschweren vorhandene Wissenslücken bezüglich der Auswirkungen auf Ökosysteme genauere Einschätzungen auf langfristige Veränderungen in betroffenen Gebieten. Das Wissen über die komplexen Wechselwirkungen zwischen den Organismen untereinander und ihrem Lebensraum ist immer noch unzureichend, sodass der Einfluss von Störungen nur ansatzweise erfasst werden kann. Öl ist im Prinzip ein Naturprodukt handelt, so sind die physikalischen, chemischen und biologischen Abbauprozesse vielfältig. Jedes Jahr sind in den Tierpopulationen - vor allem bei den Seevögeln- hohe Verluste zu verzeichnen. Trotzdem steigen die Zuwachsraten der Seevögel an den Küsten. Schätzungen zufolge sinkt der globale Öleintrag ins Meer. Eventuell ist das ein positives Zeichen für die Maßnahmen des Internationalen Schifffahrtsorganisation IMO. Die Situation scheint bekannt, nach dem Prinzip: *„Wir haben zwar ein Problem, aber es ist erkannt und befindet sich gerade im Prozeß der Lösung".[30]* Diese Aussage stellt eine komplexe Situation einfacher dar, als sie in Wirklichkeit ist. Es gibt zahlreiche Auswirkungen, die die Natur belasten. Wenn Öl in Grabgänge eindringt, liegt ein Sauerstoffmangel vor und es kann nicht abgebaut werden. Bei einem Sturm kann dieses wieder aufsteigen und betroffene Organismen für einen längeren Zeitraum beeinträchtigen. Den Auswirkungen auf die Natur steht der immer zunehmende Konsum der Menschen gegenüber. Der komplette Ersatz des Rohstoffes durch einen Erneuerbaren ist in der heutigen Zeit noch undenkbar, wir sollten aber versuchen durch nachhaltiges Denken, unseren Konsum zu kontrollieren, um die Umweltverschmutzung zu minimieren.[31]

---

[30] s. van Bernem; Lübbe, 1997, S. 151
[31] vgl. van Bernem; Lübbe, 1997, S. 150f

Literaturverzeichnis

BARTH, Hans-Jörg; Heinrich, Almut B. (2010): „„Super-Gau" Golf von Mexiko".
Springer. Heidelberg

BERNEM van, Carlo; Lübbe Thies (1997): „Öl im Meer". Wissenschaftliche
Buchgesellschaft. Darmstadt

BURNS, Robert B. (1982): „Tension leg platform system".
http://www.google.com/patents/US4421436 (zuletzt aufgerufen: 5.11.15)

HÖTZL Prof. Dr., H. (2000): „Erdölexploration".
http://www.spektrum.de/lexikon/geowissenschaften/erdoelexploration/4256 (zuletzt
aufgerufen: 5.11.15)

LARSON, Frederic (2007): „Verklebt und vergiftet-die Konsequenzen für Pflanzen
und Tiere". http://worldoceanreview.com/wor-1/verschmutzung/oel/verklebt-und-
vergiftet-die-konsequenzen-fur-pflanzen-und-tiere/ (zuletzt aufgerufen: 5.10.15)

MCNEILL, John R. (2003): „Blue-Planet- die Geschichte der Umwelt". Campus
Verlag. Frankfurt am Main

MEYER Prof. Dr., Bernd (2007): „Wirkung eines Anstiegs der Öl-und Gaspreise auf

die deutsche Wirtschaft". gws. Osnabrück

SASSE, Jan Philip (2014): „Die sozialen und ökonomischen Auswirkungen von
Ölkatastrophen am Beispiel der Deepwater Horizon". GRIN. Aachen

SÖDING, Emanuel; Balzereit Friederike; Schäfer Kirsten (2010): „Die Ölkatastrophe
im Golf von Mexiko-was bleibt?". Christin-Albrechts-Universität zu Kiel. Kiel

BEI GRIN MACHT SICH IHR WISSEN BEZAHLT

- Wir veröffentlichen Ihre Hausarbeit,
  Bachelor- und Masterarbeit

- Ihr eigenes eBook und Buch -
  weltweit in allen wichtigen Shops

- Verdienen Sie an jedem Verkauf

Jetzt bei www.GRIN.com hochladen
und kostenlos publizieren